火灾来了怎么办？

本书编委会：

主　任：汪　彤

编　委：徐　敏　李秋菊　侯　文　侯栓燕　陈国良　宋　洁　熊　艳　姚　峰　任　洁

中国劳动社会保障出版社

图书在版编目（CIP）数据

火灾来了怎么办 / 北京市劳动保护科学研究所编著 . -- 北京：中国劳动社会保障出版社，2020

ISBN 978-7-5167-4577-9

Ⅰ . ①火…　Ⅱ . ①北…　Ⅲ . ①火灾 - 灾害防治 - 青少年读物　Ⅳ . ① TU998.12-49

中国版本图书馆 CIP 数据核字（2020）第 089999 号

中国劳动社会保障出版社出版发行

（北京市惠新东街 1 号　邮政编码：100029）

*

北京市白帆印务有限公司印刷装订　新华书店经销

787 毫米 × 1092 毫米　16 开本　2.75 印张　34 千字

2020 年 6 月第 1 版　2020 年 6 月第 1 次印刷

定价：16.00 元

读者服务部电话：（010）64929211/84209101/64921644

营销中心电话：（010）64962347

出版社网址：http://www.class.com.cn

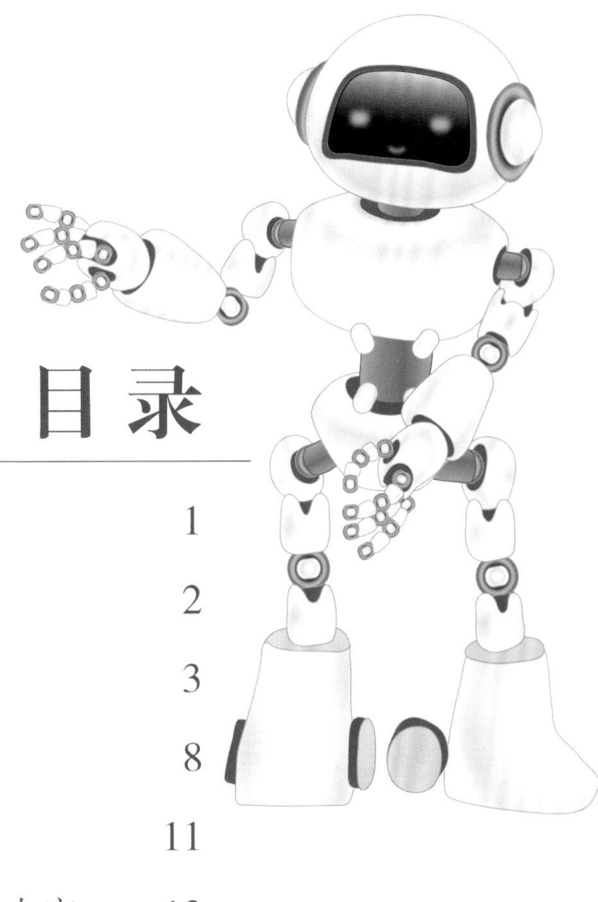

目录

人物介绍

姓名：雨彤
性别：女
年龄：7 岁
特点：文静
外号：小老师

姓名：悠悠
性别：男
年龄：6 岁
特点：好问
外号：小问号

姓名：小斐
性别：男
年龄：8 岁
特点：淘气
外号：小淘气

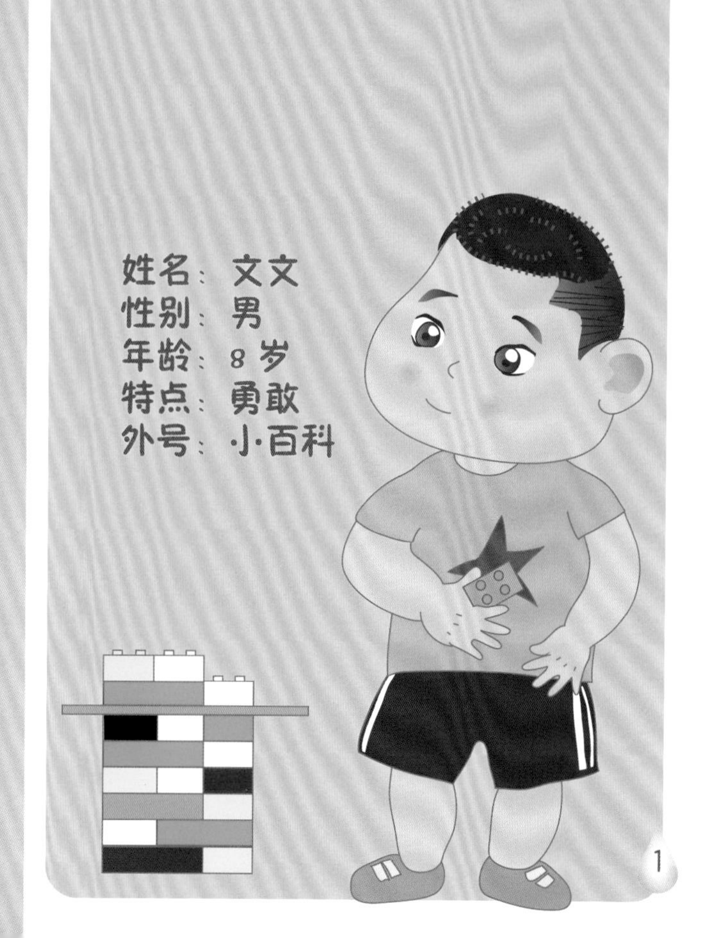

姓名：文文
性别：男
年龄：8 岁
特点：勇敢
外号：小百科

一、火灾

哪些情况可能会引起火灾？

雨彤，
我们一起玩划火柴，好吗？
玩划火柴太危险了，
可能会引起火灾呢。我们去问问机器人吧，它会告诉我们更多。
XX研究所
一起来玩吧，
我拿到了爸爸的打火机。
火真好看。
可能会引起火灾呢，
我们去找机器人问问吧。

火柴、打火机给我们日常生活带来很多方便，但是如果当玩具玩可能会引起火灾。还有很多情况都可以引起火灾，你们看 A 和 B 两幅图，正确的在圆圈中画“√”，错误的画“×”。同时，说说错在哪里。

A 放烟花

B 危险的习惯

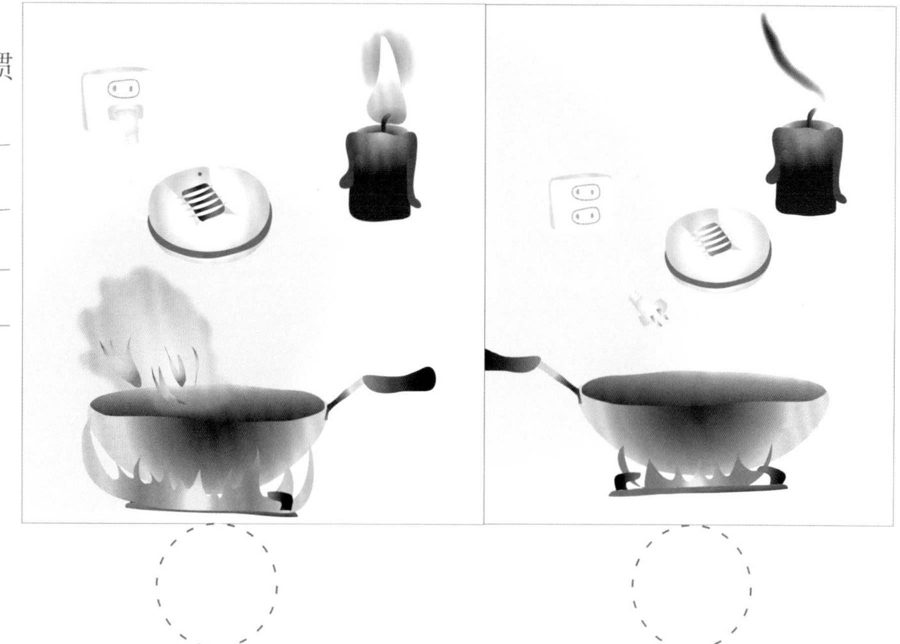

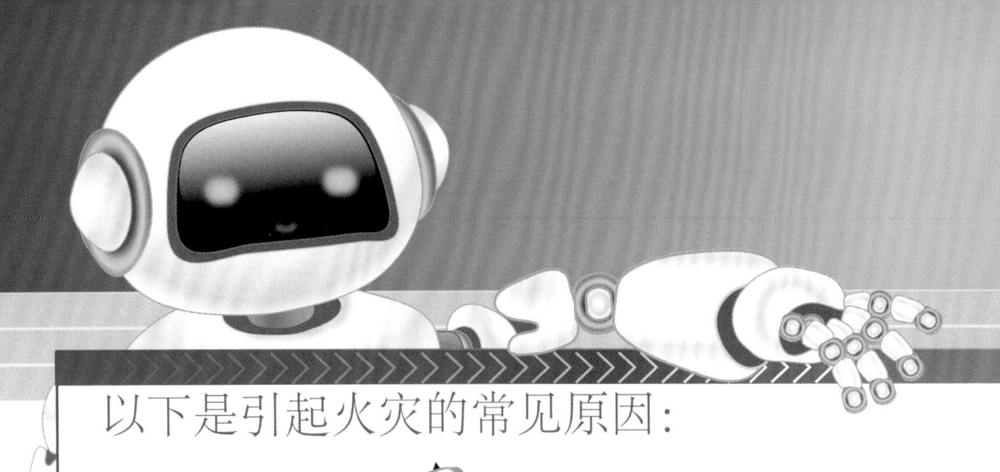

以下是引起火灾的常见原因：

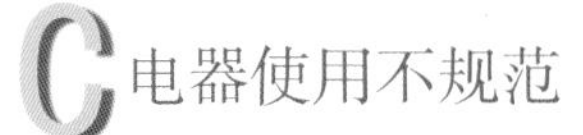

C 电器使用不规范

将衣物放在电暖器上烤；电风扇长时间连续工作；使用劣质电源插排（俗称插线板）；用纸、布或其他易燃材料制作灯罩，而且紧贴在灯泡表面；长时间不关电热毯电源。

D 违规吸烟

乱扔未熄灭的烟头，在床上或沙发上吸烟。

E 纵火

有意点火烧毁房屋、森林等。

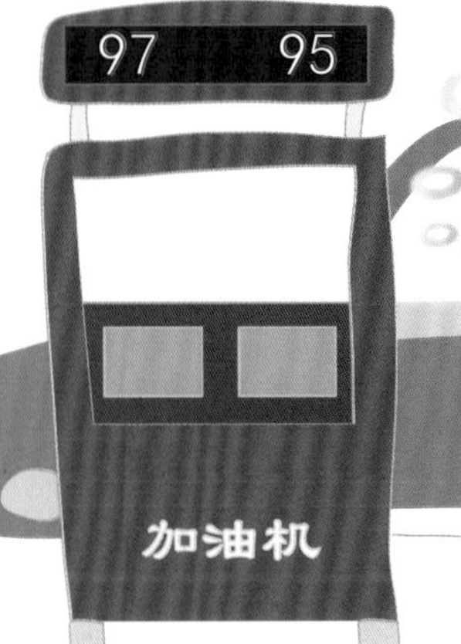

F 违反消防规定

在加油站内吸烟或拨打、接听手机。

G 自然现象

如雷击、地震、自燃、静电等。

特别注意：

人们日常生活中使用的电动自行车也存在火灾危险性，检查一下自己或爸爸、妈妈有没有以下危险行为：

1. 长时间给电动自行车充电。
2. 将电动自行车放在室内或楼道充电。
3. 用不匹配的充电器给电动自行车充电。

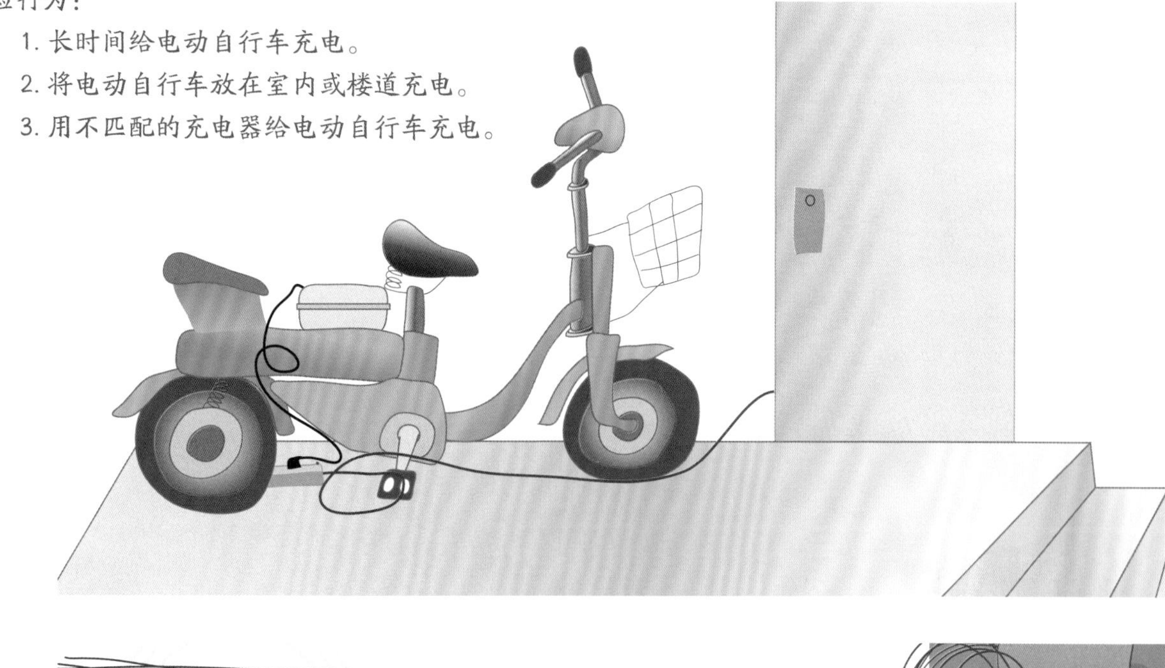

4. 不遵守相关规定乱扯电线充电。
5. 夏天，使电动自行车长时间在阳光下暴晒。

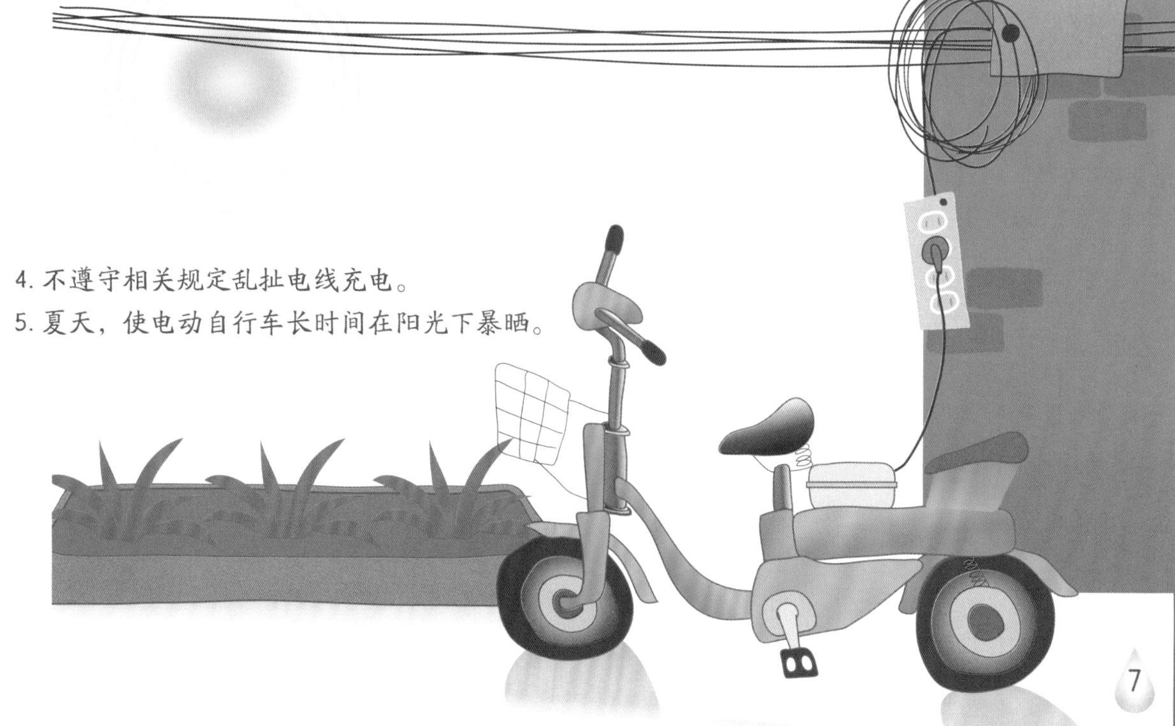

火是怎么烧起来的

火会点燃别的东西。
是的。开始时火苗可能像蜡烛的火焰一样小，但是如果没有及时灭火，小火苗会点燃周围其他可以燃烧的东西变得越来越大。
可以用灭火器呀。
你说得对。当火苗不高、没有大量浓烟时可以用灭火器灭火，但是当火燃烧面积扩大、出现大量浓烟时，就要迅速逃离。有一点很重要，逃离着火房间时，要把门关上。
EXIT

灭火还可以用水。

是的。很多火可以用水灭，但是有些着火情况是不适合用水灭的，比如，电器着火了，要先断电，不宜用水灭火；如果是油着火了，更不能用水灭火，要尽快拨打“119”电话报警。

如何报警：

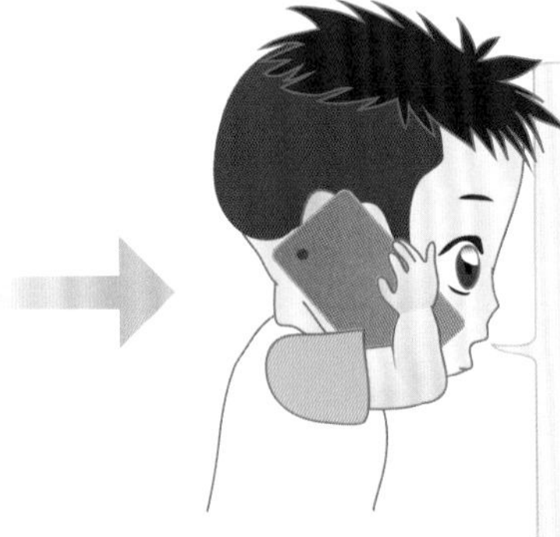

起火的小区名称

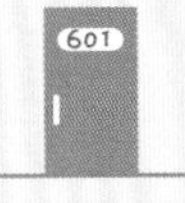

具体的门牌号

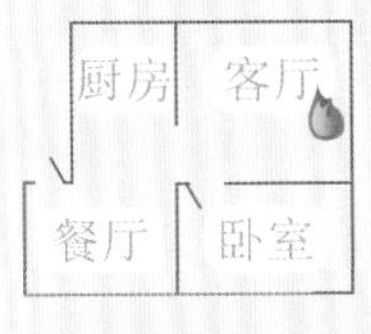

着火的位置

着火的物质、火势

我的姓名：×××
我的电话：138××××0000

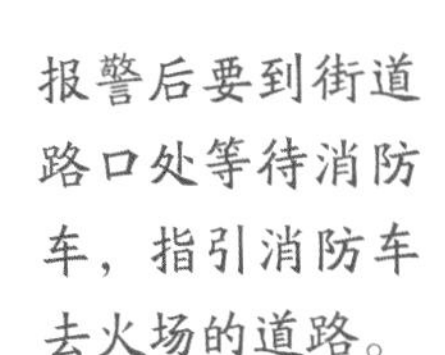

报警后要到街道路口处等待消防车，指引消防车去火场的道路。

二、火灾来了怎么办

平时家里应准备哪些东西应对火灾

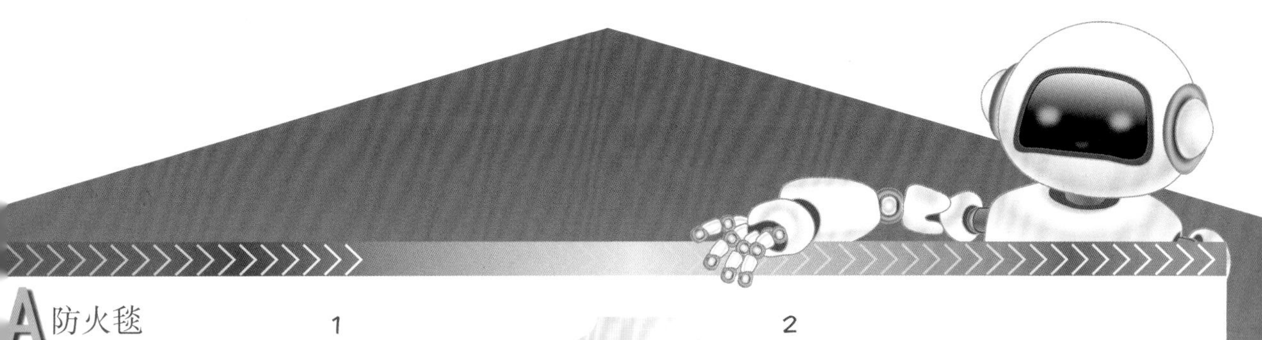

A 防火毯

防火毯能起到隔离热源及火焰的作用，可用于扑灭油锅火或者披覆在身上逃生。

1

2

B 干粉灭火器

1

使用前，把灭火器上下颠倒摇晃几次，使筒内干粉松动。

2

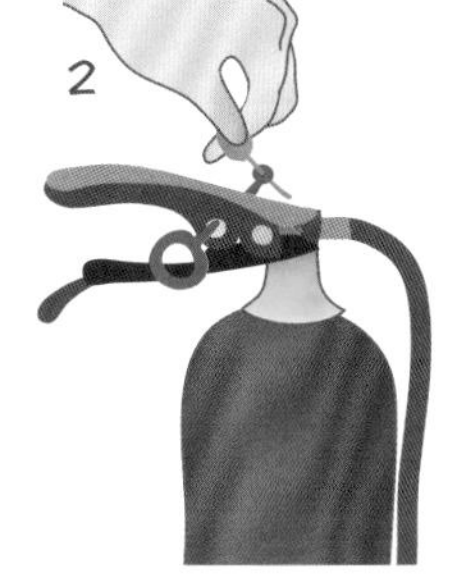

拔掉铅封。

3

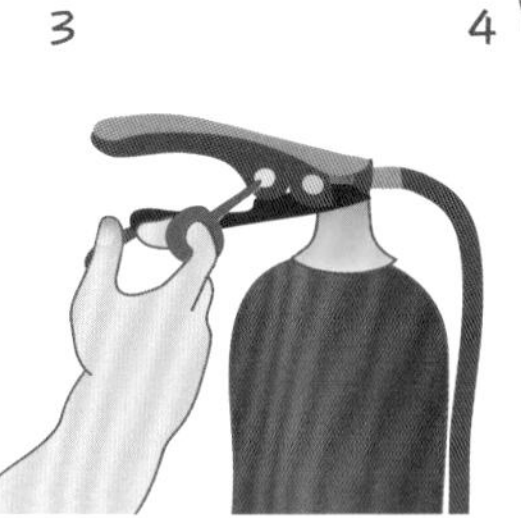

拉掉保险装置，拔出保险销。

4

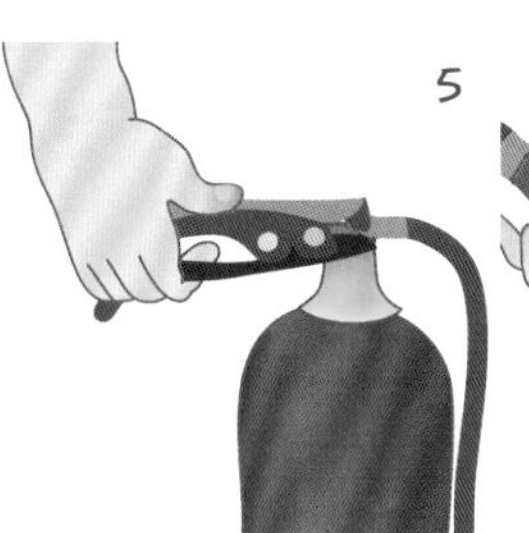

按下压把，干粉便会从喷嘴喷射出来。

5

对准火焰根部喷射，直至火焰熄灭。

们应该怎么选择灭火器呢?

粉灭火器

救可燃固体、有机
、可燃液体、可燃
等引起的火灾，还
用于扑救低于60
带电设备的初起火

2 二氧化碳灭火器

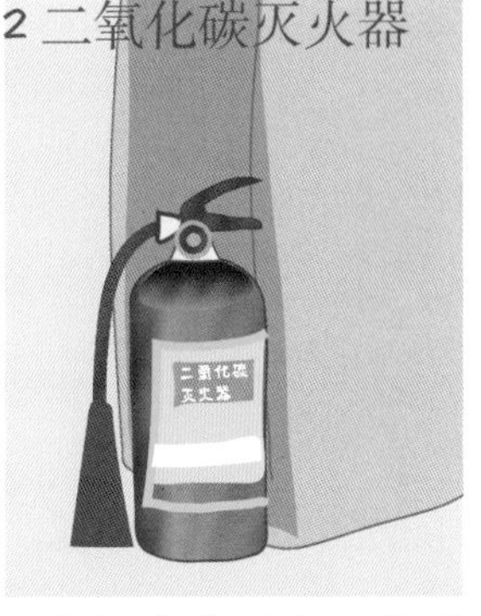

可扑救贵重设备、档案资料、仪器仪表、600伏以下带电设备及油类的初起火灾。

3 泡沫灭火器

可扑救如木材、棉布等固体物质燃烧引起的火灾，最适合扑救如汽油、柴油等液体火灾。

4 水基型灭火器

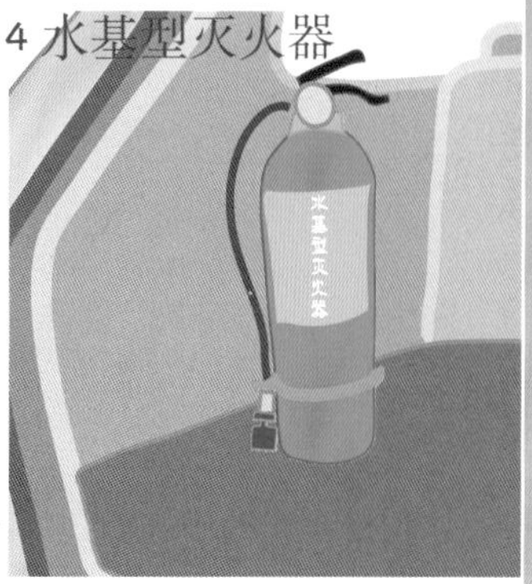

可扑救易燃固体或非水溶性液体的初起火灾，也可以扑救36千伏以下带电设备的火灾。这种灭火器灭火后药剂可100%生物降解，不会对周围设备、空间造成污染。

C 逃生绳

1

将逃生绳一端固定在牢固的物体上，并将逃生绳顺着窗口抛向楼下。

2

双手握住逃生绳，左脚面勾住窗台，右脚蹬外墙面，待身体平稳后，左脚移出窗外。

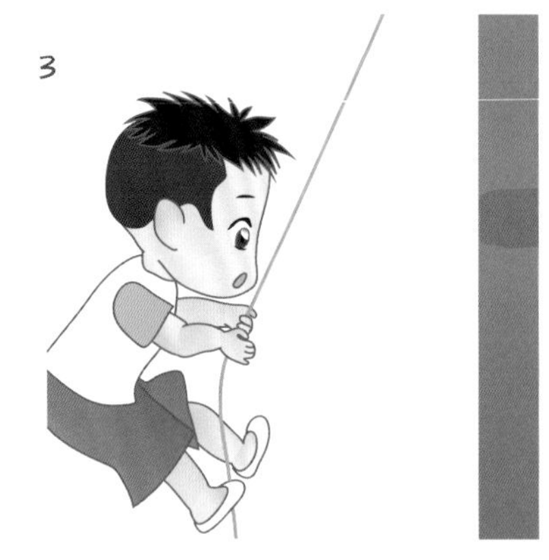

3

两腿微弯，两脚用力蹬墙面的同时，双臂伸直，双手微松，两眼注视下方，沿逃生绳下滑。

4

当快接近地面时，右臂向前弯曲，勒紧绳带，两腿微曲，两脚尖先着地。

D 强光手电

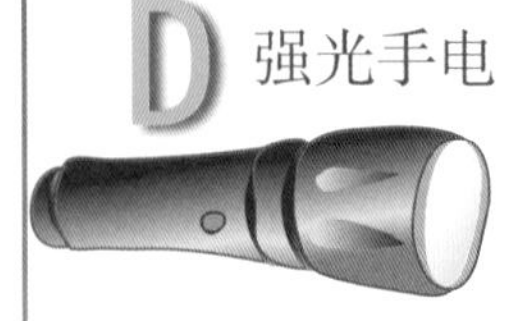

人员受困时可用来发出求救信号；火灾逃生时，可帮助人员提高可见度，确定逃生路线。

E 防毒面具

防毒面具可以有效防止有毒气体和烟尘对人体的伤害。在火灾中，很多人并不是被明火烧死，而是被烟熏中毒致死。

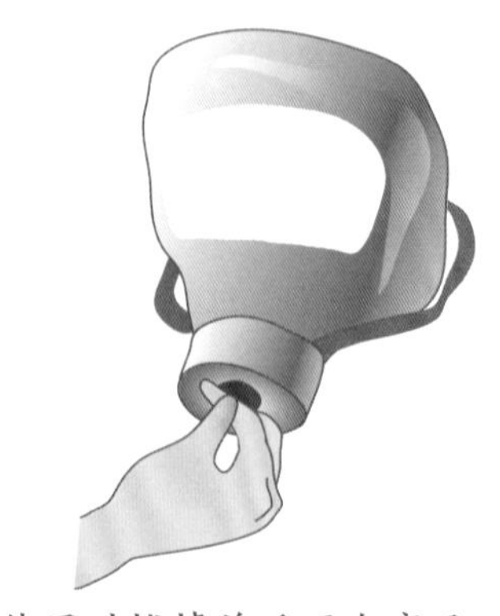

1

使用时拔掉前后两个塞子。

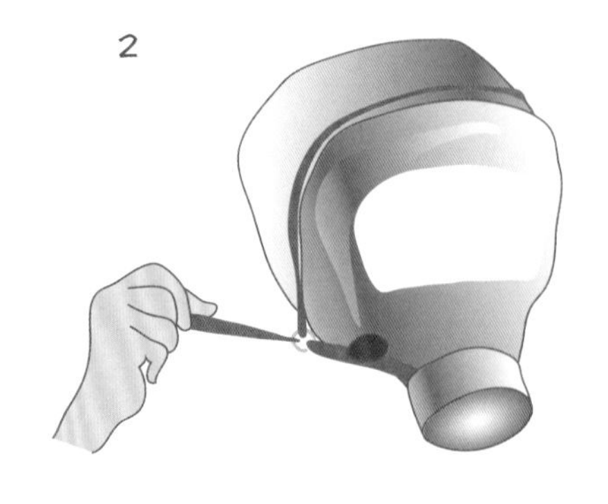

2

把面具戴到头上，从侧面拉紧并系好带子。

身边的“灭火器”

1. 锅盖

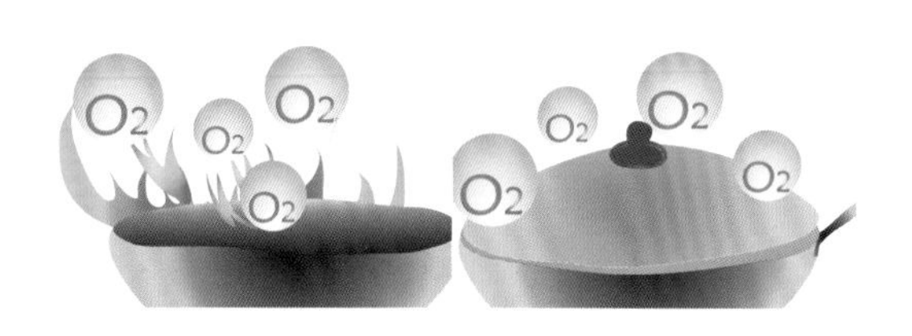

原理：油锅起火，锅里的油燃烧需要空气中的氧气（O_2），盖上锅盖就隔绝了空气，没有氧气与可燃物的接触，火自然就熄灭了。

注意：使用锅盖灭火时，锅盖不要垂直向下盖，因为火很容易从侧面喷出灼伤手，要从侧面向前推，既阻挡了火从一侧喷出，又能轻松灭火。

2. 湿棉被

原理：湿棉被不易被火点燃，覆盖上湿棉被可降低表面温度，并隔绝空气，使火熄灭。

注意：利用湿棉被穿越火场时，虽然披上它可以降低身体温度，防止皮肤被灼伤，但打湿棉被需要耗费一些时间，而且打湿后的棉被很沉，可能会延缓逃生的速度。

3. 湿拖把

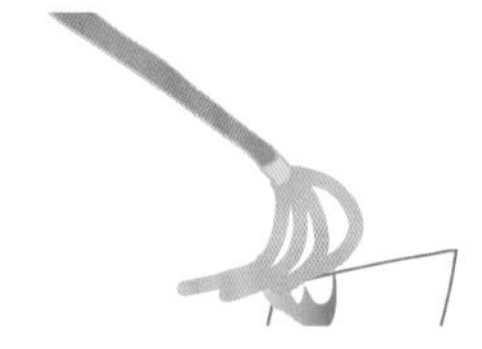

原理：用湿拖把拍打火苗能起到隔绝氧气与可燃物的作用，将刚冒出的火苗扑灭。

注意：湿拖把只适用于刚产生的小火苗，遇上大火不要尝试。

4. 沙土

原理：沙土可以起到隔绝空气的作用，隔绝空气中的氧气与可燃物的接触，使火熄灭。

注意：在室外火刚着起来没有灭火器、用水又不方便的情况下，可用沙土覆盖灭火。

5. 牛奶

原理：一般牛奶的含水量都在 85% 以上，所以可以用于灭火。

注意：牛奶中含有的蛋白质成分可以燃
所以只能用于应急灭火。

你会怎么办？

用水灭火。
报警呀。
赶快逃跑。
用灭火器灭火。

你们说得对。当家具、被褥着火时，一般用水灭火。用身边的物品如洗脸盆等盛水向火焰上泼，也可把水管接到水龙头上喷水灭火；同时把燃烧点附近的可燃物泼湿降温。

正在放动画片的电视机着火了怎么办？
喊妈妈。
用水灭火。
关电视。

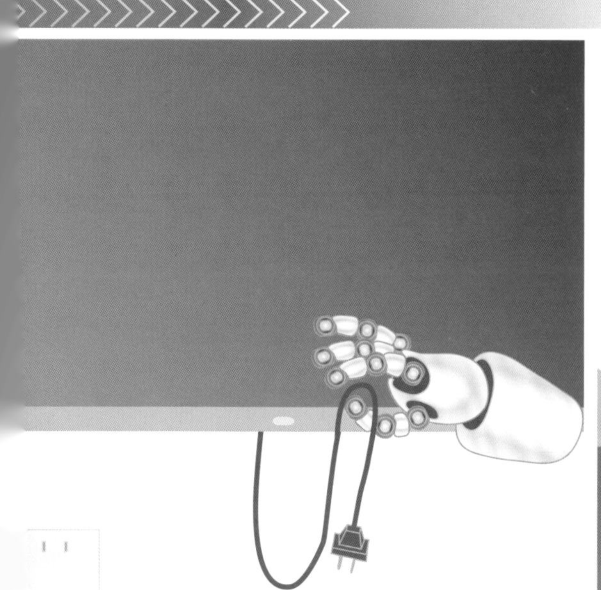

电器类突然起火，首先要切断总电源，然后用湿棉被或防火毯等将其覆盖以灭火，绝不可用水去浇。灭火时，只能从侧面靠近电视机。若使用灭火器灭火，不要直接喷向电视机的屏幕，以免其受热后突然遇冷而爆炸。

用灭火毯盖上。
从侧面用锅盖盖上。
用锅盖盖上。
用水灭火。

做饭时油锅起火了怎么办?

做饭时发现油锅突然起火，要迅速关闭炉灶燃气阀门，直接盖上锅盖或用湿抹布覆盖灭火，还可以向锅内倒入切好的蔬菜冷却灭火。将锅平稳地端离炉火，冷却后才能打开锅盖，千万不能向油锅里倒水灭火。

燃气罐着火了怎么办?
用灭火毯。
扔出去。
会爆炸吧?!

燃气罐
拨打“119”电话报警。
当燃气罐着火时，要用浸湿的被褥、衣物等覆盖在气瓶上，并立即关闭阀门，再扑灭余火。

楼道内起火了向楼下跑还是留在家里呢？
留在家里。
留在家里。
向楼下跑。

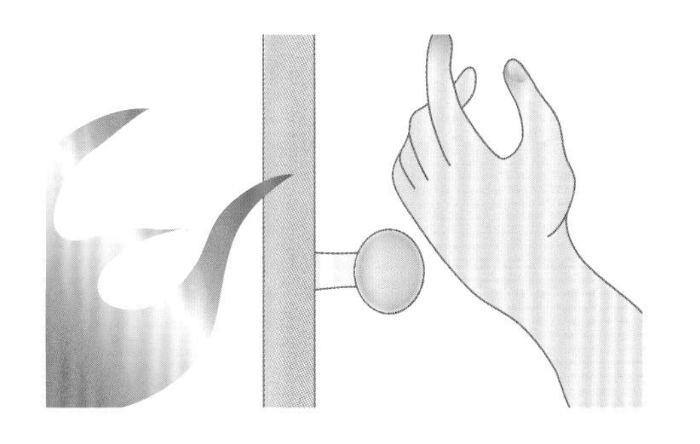

假如用手背试房门已感到烫手，说明火势已临近房门，此时应留在屋内拨打“119”电话报警。

用浸湿的衣物或被褥堵住门缝，防止毒烟渗入，并向门上泼水降温。

然后到窗口摇动衣物或者向窗外丢下轻飘的物体，向外传递受困信号；必要时使用逃生绳进行逃生。

动脑筋想一想

A 一天，“小问号”悠悠一个人在家玩，突然发现家里着火了，客厅内有很多烟，他很害怕，他该怎么办呢？想一想，在下面写出你为他想的好办法。

B 你会报警吗？遇到火灾时该如何报警，请把报警需要提供的信息写在下面。

119

三、与火灾有关的安全标志

火警电话

标示火警电话的位置和号码

消防按钮

标示火灾报警按钮和消防设备启动按钮的位置

发声警报器

标示发声警报器的位置

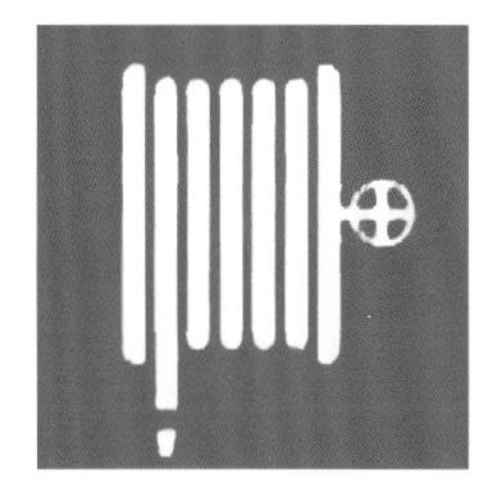

消防软管卷盘

标示消防软管卷盘、消火栓箱、消防水带的位置

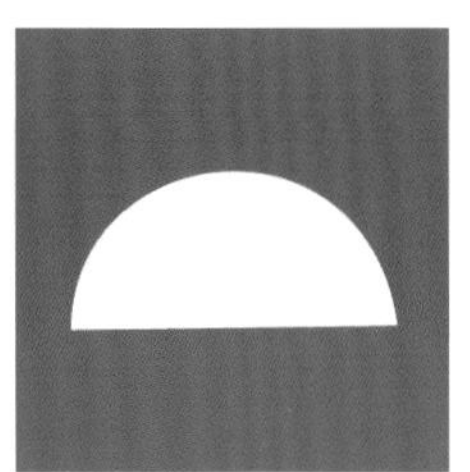

灭火设备

标示灭火设备集中摆放的位置

手提式灭火器

标示手提式灭火器的位置

消防水泵接合器

标示消防水泵接合器的位置

地上消火栓

标示地上消火栓的位置

地下消火栓

标示地下消火栓的位置

推车式灭火器

标示推车式灭火器的位置

安全出口

提示通往安全场所的疏散出口

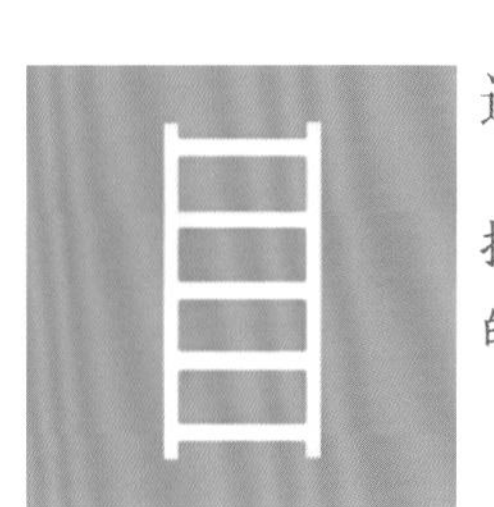

逃生梯

提示固定安装的逃生梯的位置

急救点

提示设置现场急救仪器设备及药品的地点

应急电话

提示安装应急电话的地点

紧急医疗站

提示有医生的医疗救助场所

击碎板面

提示需击碎板面才能取到钥匙、工具、操作应急设备或开启紧急逃生出口

禁止吸烟

表示禁止吸烟

禁止烟火

表示禁止吸烟或各种形式的明火

禁止放易燃物

表示禁止存放易燃物

禁止用水灭火

表示禁止用水作灭火剂或用水灭火

禁止燃放鞭炮

表示禁止燃放鞭炮或焰火

禁止阻塞

表示禁止阻塞的指定区域（如疏散通道）

禁止锁闭

表示禁止锁闭的指定部位（如疏散通道和安全出口的门）

禁止攀登

表示禁止攀爬的危险地点

禁止伸出窗外

表示易造成头或手伤害的部位或场所

禁止入内

表示易造成事故或对人员有伤害的场所

禁止推动

表示易于倾倒的装置或设备

禁止停留

表示对人员具有直接危害的场所

禁止靠近

表示禁止靠近的危险区域

禁止启动

表示暂停使用的设备

禁止带火种

表示有甲类火灾危险物质及其他禁止带火种的各种危险场所

禁止携带托运易燃及易爆物品

表示禁止携带托运易燃及易爆物品及其他危险品的场所或交通工具

当心氧化物

警示来自氧化物的危险

当心易燃物

警示来自易燃物质的危险

当心爆炸物

警示来自爆炸物的危险，在爆炸物附近或处置爆炸物时应当心

当心触电

警示易发生触电危险的电气设备和线路

四、安全童谣

报警童谣

火警电话“119”，特殊电话要记清。
遇到火情才使用，无故乱拨要严惩。
门牌街道及号码，报警时候要讲清。
燃烧物质要说明，放下电话去迎警。
争取时间损失小，生命财产有保证。

防火童谣

小朋友，别玩火，玩来玩去把祸惹。
火灾无情防为上，小朋友们要提防。
遵纪守法服管理，安全常识记心上。

小火灾扑救童谣

遭遇火灾速报警，报警要素要讲清。
燃气着火很危险，切断气源很关键。
燃气泄漏莫慌张，断气禁火开门窗。
油锅起火要切记，关火合盖会窒息。
家中常备灭火器，及时喷射火苗熄。
身上着火别奔跑，就地打滚压火苗。

五、灭火原理小实验

实验材料：蜡烛、玻璃杯、比杯口略大的盘子、水。

1. 将蜡烛在盘子中间固定并点燃。

2. 将玻璃杯倒扣罩住蜡烛。

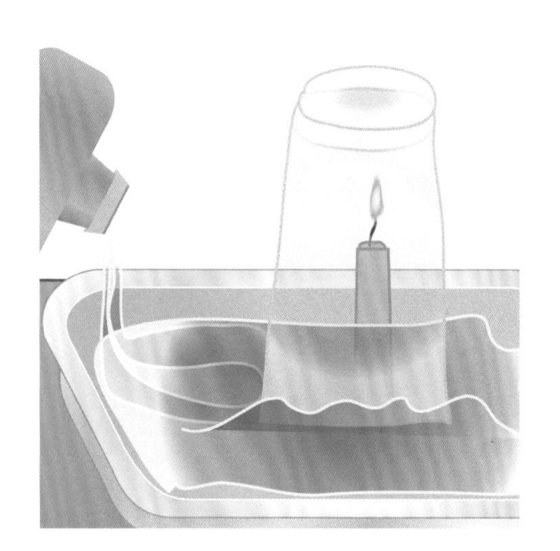

3. 慢慢将水倒入盘子中，水面高度要完全淹没杯口。

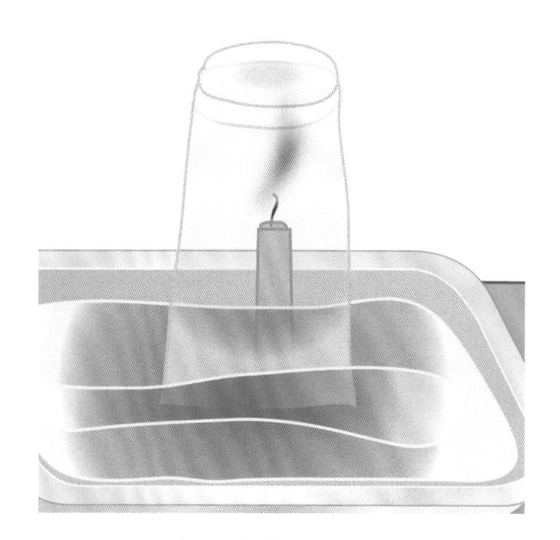

4. 仔细观察：盘中倒入水后，燃烧的蜡烛发生了什么变化？

想一想：蜡烛为什么熄灭？

实验二

实验材料：一袋小苏打、适量白醋、一个隔热的容器、一根短蜡烛、一块橡皮泥。

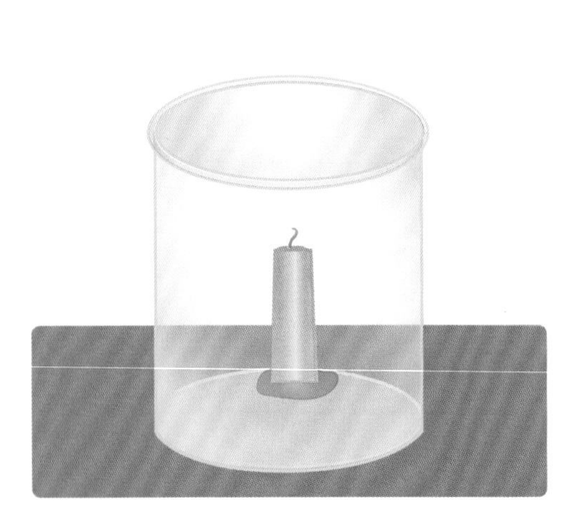

1. 用橡皮泥将短蜡烛固定在容器底部。

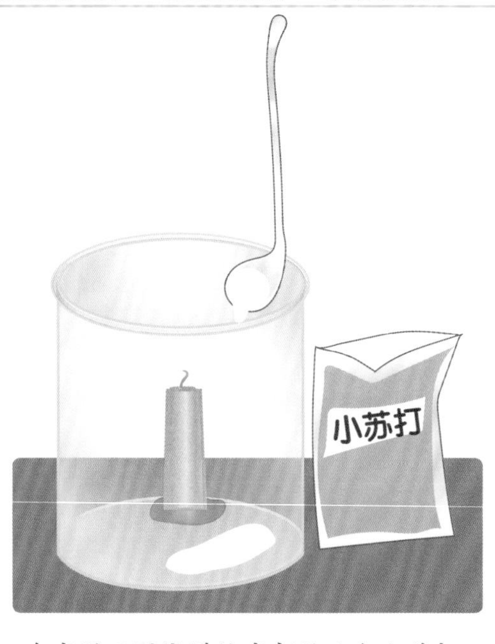

2. 在容器里围绕蜡烛底部放几勺小苏打。

3. 点燃蜡烛。

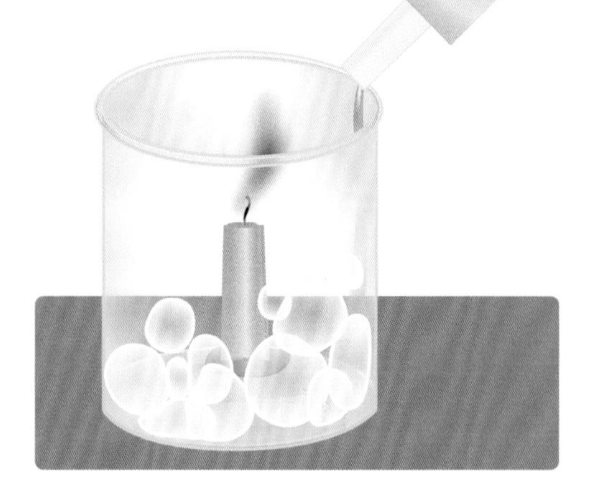

4. 将白醋沿着容器的内壁缓缓倒入，注意不要浇到燃烧的蜡烛上，而是倒在蜡烛的四周。

发　现：倒入白醋的同时，瞬间产生泡沫。当泡沫刚刚开始上升，还没有淹没燃烧的蜡烛时，蜡烛就突然熄灭了。蜡烛熄灭后，试着重新点燃，看看还能不能点燃？

想一想：为什么泡沫还没有淹没蜡烛，蜡烛的火苗就熄灭了？

六、答案

第 5 页:

A 放烟花　　小朋友在没有大人看管时，燃放烟花爆竹。

B 危险的习惯　　蜡烛燃尽没有吹灭；炒菜时，油锅过热；电蚊香长期不断电。

第 29 页:

A　一天，“小问号”悠悠一个人在家玩，突然发现家里着火了，客厅内有很多烟，他很害怕，这时他突然想起学校老师讲过的逃生工具和逃生方法，便冷静下来，迅速冲出家门，并关上了房门。又想起老师说过火灾时不能乘电梯，便顺着楼梯一直跑，终于跑出来了。他急忙打“119”火警电话和消防员叔叔说:“幸福路花园小区 401 客厅着火了，我叫悠悠，我的电话是 133XXXXXXXX。”消防员叔叔很快赶来，火被扑灭了。悠悠做得特别棒，得到了大家的表扬。

B　若火势无法扑灭，拨打“119”电话报警。
报警时，必须告诉消防员叔叔火灾发生的详细地址，包括小区名称、门牌号、周围易识别的建筑或其他明显标志，讲清楚起火位置、数量、性质、火势情况。

第 37 页:

仔细观察：蜡烛熄灭了。

想 一 想：燃烧的蜡烛耗尽了杯子里的氧气。盘子里的水封着杯口，外面的氧气进不到杯子里。

第 38 页:

发　　现：不能再点燃。

想 一 想：当小苏打和白醋混合时产生的化学反应除了很容易发现的大量泡沫外，还有看不到的气体——二氧化碳。虽然看不到它，但是它在产生泡沫的同时，已经存在于容器中，所以蜡烛的火苗才会迅速熄灭。